"Das Wunderwerk Mensch: Ein Blick in den Körper"

Impressum

Titel: "Das Wunderwerk Mensch: Ein Blick in den Körper"
Autor: Seyit Bozkurt Pfarrer-Zankl-Str.14b-85055 Ingolstadt
Herstellung: Amazon Distribution GmbH

Haftungsausschluss
Alle im Buch enthaltenen Informationen wurden mit größter Sorgfalt zusammengestellt. Für die Richtigkeit, Vollständigkeit und Aktualität der Inhalte wird jedoch keine Haftung übernommen.

Urheberrecht
Alle Rechte vorbehalten. Die Vervielfältigung oder Verbreitung des Inhalts dieses Buches, ganz oder teilweise, bedarf der vorherigen schriftlichen Zustimmung des Herausgebers.

Widmung

Dieses Buch ist all jenen gewidmet, die von der Komplexität und Schönheit des menschlichen Körpers fasziniert sind – den Forschern, Ärzten, Lehrern und Lernenden, die unermüdlich danach streben, das Wunder des Lebens zu verstehen und zu bewahren. Möge dieses Werk dazu beitragen, Neugier zu wecken, Wissen zu vertiefen und die Wertschätzung für das, was uns menschlich macht, zu stärken.

Besonders widme ich es den Menschen, die ihre Gesundheit zu schätzen wissen und stets daran arbeiten, Körper und Geist im Einklang zu halten.

Inhaltsverzeichnis

KAPITEL 1 EINLEITUNG 8

KAPITEL 2: DAS SKELETTSYSTEM – DAS TRAGENDE GERÜST 10

    2.1 Aufbau und Funktion der Knochen 10
    2.2 Das Zusammenspiel von Knochen und Gelenken 11
    2.3 Krankheiten und Probleme des Skelettsystems 12

KAPITEL 3: DAS MUSKELSYSTEM – BEWEGUNG UND KRAFT 14

    3.1 Arten von Muskeln und ihre Funktionen 14
    3.2 Muskelkontraktion und Energieverbrauch 15
    3.3 Trainings- und Rehabilitationsaspekte 15
    3.4 Muskelkrankheiten und deren Behandlung 16

KAPITEL 4: DAS HERZ-KREISLAUF-SYSTEM – DER MOTOR DES LEBENS 18

    4.1 Anatomie des Herzens 18
    4.2 Der Blutkreislauf und Blutgefässe 19
    4.3 Herzgesundheit und kardiovaskuläre Erkrankungen 20
    4.4 Der Einfluss von Lebensstil und Umweltfaktoren 21

KAPITEL 5: DAS ATMUNGSSYSTEM – DIE KUNST DES ATMENS 22

    5.1 Aufbau der Lunge und der Atemwege 22
    5.2 Der Gasaustausch und die Atemmechanik 23
    5.3 Atemwegserkrankungen und ihre Folgen 23
    5.4 Die Bedeutung der Atmung für das Wohlbefinden 24

KAPITEL 6: DAS VERDAUUNGSSYSTEM – DER WEG DER NAHRUNG ... 26

    6.1 Der Verdauungsprozess von Mund bis Darm 26
    6.2 Leber, Bauchspeicheldrüse und ihre Rolle in der Verdauung 27
    6.3 Häufige Verdauungsstörungen und deren Behandlung 28
    6.4 Die Bedeutung der Mikrobiota 29

KAPITEL 7: DAS NERVENSYSTEM – DAS KONTROLLZENTRUM DES KÖRPERS 31

    7.1 Aufbau des Gehirns und des Rückenmarks 31
    7.2 Das periphere Nervensystem und seine Aufgaben 32
    7.3 Neurologische Erkrankungen und ihre Auswirkungen 33
    7.4 Wie das Nervensystem Körper und Geist verbindet 34

KAPITEL 8: DAS IMMUNSYSTEM – DER INNERE SCHUTZSCHILD 36

    8.1 Bestandteile und Funktionsweise des Immunsystems 36
    8.2 Arten der Immunreaktionen 37

8.3 Autoimmunerkrankungen und Immunreaktionen 38
8.4 Moderne Forschung im Bereich Immunologie 39

KAPITEL 9: DAS HORMONSYSTEM – CHEMISCHE BOTSCHAFTEN 41

9.1 Endokrine Drüsen und Hormone 41
9.2 Die Rolle der Hormone bei Wachstum und Stoffwechsel 42
9.3 Hormonelle Störungen und Therapien 43
9.4 Einfluss von Hormonen auf Stimmung und Verhalten 44

KAPITEL 10: DAS FORTPFLANZUNGSSYSTEM – URSPRUNG DES LEBENS 46

10.1 Anatomie und Funktion bei Männern 46
10.2 Anatomie und Funktion bei Frauen 47
10.3 Der Fortpflanzungsprozess und Schwangerschaft 48
10.4 Reproduktionsmedizin und Herausforderungen 49

KAPITEL 11: DIE HAUT – SCHUTZ UND SINNESORGAN 51

11.1 Schichten und Funktion der Haut 51
11.2 Haut als Sinnesorgan und Thermoregulator 52
11.3 Hautkrankheiten und Pflege 52
11.4 Die Haut als Immunorgan 54

KAPITEL 12: DIE SINNE – FENSTER ZUR WELT 55

12.1 Das Auge und der Sehsinn 55
12.2 Das Ohr und der Hörsinn 56
12.3 Der Geruchssinn 57
12.4 Der Geschmackssinn 57
12.5 Der Tastsinn 58

KAPITEL 13: DER STOFFWECHSEL – DIE ENERGIE DES LEBENS 60

13.1 Grundlagen des Stoffwechsels 60
13.2 Energiestoffwechsel und Nährstoffe 61
13.3 Stoffwechselerkrankungen und ihre Auswirkungen 62
13.4 Einfluss von Ernährung und Bewegung 63
13.5 Einflussfaktoren auf den Stoffwechsel 63

KAPITEL 14: REGENERATION UND HEILUNG – DER KÖRPER ALS SELBSTHEILER 65

14.1 Mechanismen der Zellregeneration 65
14.2 Die Rolle von Stammzellen 66
14.3 Einflussfaktoren auf die Regeneration 67
14.4 Aktuelle Forschung und medizinische Fortschritte 68

KAPITEL 15: SCHLUSSWORT – DER MENSCHLICHE KÖRPER ALS MEISTERWERK 70

15.1 Die Verbundenheit der Systeme 70
15.2 Die Anpassungsfähigkeit des Körpers 71
15.3 Die Bedeutung eines gesunden Lebensstils 72
15.4 Der Blick in die Zukunft der Medizin 72

KAPITEL 16: GLOSSAR 74

QUELLENVERZEICHNIS 79

Kapitel 1 Einleitung

Der menschliche Körper ist ein Wunderwerk der Natur – ein komplexes Zusammenspiel aus Systemen und Strukturen, das über Jahrmillionen der Evolution perfektioniert wurde. Jede Bewegung, jeder Gedanke und jeder Herzschlag resultieren aus einem präzisen Zusammenspiel von Organen und Geweben. In dieser Einleitung tauchen wir in die faszinierende Welt des menschlichen Körpers ein, um den Leser auf eine Reise vorzubereiten, die vom sichtbaren Äußeren bis in die tiefsten Geheimnisse unserer Zellen reicht.

Schon die kleinsten Bestandteile unseres Körpers, wie Zellen, bilden das Fundament für die gewaltigen und fein abgestimmten Systeme, die uns Leben einhauchen. Vom soliden Skelett, das uns Halt gibt, über das Muskelsystem, das uns in Bewegung versetzt, bis hin zum Herz-Kreislauf-System, das Blut und Sauerstoff durch jeden Winkel unseres Körpers pumpt – all diese Elemente arbeiten unaufhörlich zusammen, um das Wunder des Lebens zu ermöglichen.

Unser Körper ist nicht nur eine physische Struktur, sondern ein lebendiges, atmendes Netzwerk, das in der Lage ist, sich anzupassen, zu heilen und zu schützen. Das Nervensystem fungiert als Kommunikationszentrale und steuert eine Vielzahl von Prozessen, während das Immunsystem uns vor unzähligen Bedrohungen aus der Umwelt schützt. Hinzu kommen das Hormonsystem, das unsere Stimmungen und Körperfunktionen reguliert, und die Haut, die als größtes Organ Schutz bietet und zugleich Sinneseindrücke wahrnimmt.

In den folgenden Kapiteln dieses Buches wollen wir das Zusammenspiel dieser Organe und Systeme genauer betrachten, ihre Funktionen erforschen und ihre Bedeutung für unser tägliches Leben verstehen. Wir werden beleuchten, wie jedes System seine spezifische Rolle spielt und was geschieht, wenn eines aus dem Gleichgewicht gerät. Wissenschaftliche Erkenntnisse, historische Einblicke und faszinierende Details sollen helfen, die Komplexität und Schönheit unseres Körpers besser zu erfassen.

Diese Reise ist nicht nur für Mediziner und Wissenschaftler von Interesse, sondern für jeden, der verstehen möchte, was das Leben in uns ausmacht. Denn indem wir das Innenleben unseres Körpers besser verstehen, können wir lernen, unser Leben bewusster zu führen und die Wunder zu schätzen, die uns täglich umgeben.

Kapitel 2: Das Skelettsystem – Das tragende Gerüst

Das menschliche Skelett ist weit mehr als nur ein starrer Rahmen, der den Körper formt. Es ist ein dynamisches System, das Schutz bietet, Bewegung ermöglicht und lebenswichtige Funktionen erfüllt. In diesem Kapitel werden wir den Aufbau des Skeletts, seine Bestandteile und seine Rolle im Körper näher betrachten.

2.1 Aufbau und Funktion der Knochen

Der menschliche Körper besteht aus über 200 Knochen, die zusammen das Skelett bilden. Jeder Knochen hat eine spezifische Form und Funktion – von den winzigen Gehörknöchelchen im Ohr, die den Schall weiterleiten, bis zu den kräftigen Oberschenkelknochen, die unser Gewicht tragen. Knochen bestehen aus einer äußeren harten Schicht, der Kompakta, und einer inneren schwammartigen Schicht, der Spongiosa, die eine leichte, aber stabile Struktur bietet. Das Knochenmark, das sich in den Hohlräumen der größeren Knochen befindet, ist für die Produktion von Blutkörperchen verantwortlich und spielt eine entscheidende Rolle im Immunsystem.

Wichtige Funktionen des Skelettsystems:

- **Schutz der inneren Organe:** Die Schädelknochen schützen das Gehirn, der Brustkorb bewahrt Herz und Lunge vor Schäden.

- **Unterstützung und Formgebung:** Das Skelett gibt dem Körper Struktur und Halt.

- **Speicherung von Mineralien:** Knochen speichern wichtige Mineralien wie Kalzium und Phosphat, die bei Bedarf freigesetzt werden können.

- **Blutbildung:** Im Knochenmark werden rote und weiße Blutkörperchen sowie Blutplättchen gebildet.

2.2 Das Zusammenspiel von Knochen und Gelenken

Beweglichkeit ist einer der bemerkenswertesten Aspekte des Skelettsystems. Gelenke, die Verbindungen zwischen den Knochen darstellen, ermöglichen es uns, uns zu beugen, zu drehen und zu strecken. Es gibt verschiedene Arten von Gelenken:

- **Kugelgelenke** (z.B. Schulter und Hüfte), die eine Drehung in fast alle Richtungen erlauben.

- **Scharniergelenke** (z.B. Ellbogen und Knie), die eine Bewegung in nur eine Richtung ermöglichen.

- **Drehgelenke** (z.B. zwischen Radius und Ulna im Unterarm), die eine Rotationsbewegung erlauben.

Jedes Gelenk ist von Knorpel umgeben, der als Stoßdämpfer dient und Reibung verringert. Gelenkkapseln und Bänder halten die Knochen in Position, während Gelenkflüssigkeit für die nötige Schmierung sorgt.

2.3 Krankheiten und Probleme des Skelettsystems

Leider ist das Skelettsystem anfällig für verschiedene Erkrankungen und Verletzungen. **Osteoporose** ist eine der bekanntesten Knochenkrankheiten, bei der die Knochendichte abnimmt und das Frakturrisiko steigt. **Arthritis**, eine entzündliche Erkrankung der Gelenke, kann starke Schmerzen und Bewegungseinschränkungen verursachen.

Ursachen von Skelettkrankheiten:

- **Genetische Faktoren:** Bestimmte Krankheiten wie Osteogenesis imperfecta (Glasknochenkrankheit) sind erblich bedingt.

- **Ernährung:** Ein Mangel an Kalzium und Vitamin D kann die Knochengesundheit beeinträchtigen.

- **Alter:** Mit zunehmendem Alter nimmt die Knochendichte natürlicherweise ab.

Die moderne Medizin bietet jedoch verschiedene Präventions- und Behandlungsmöglichkeiten, von Nahrungsergänzungsmitteln über Physiotherapie bis hin zu chirurgischen Eingriffen wie Gelenkersatzoperationen.

Fazit

Das Skelettsystem ist ein lebenswichtiger Teil unseres Körpers, der weit mehr leistet als nur den Körper zu stützen. Es ermöglicht Beweglichkeit, schützt empfindliche Organe und spielt eine entscheidende Rolle im Mineralstoffwechsel und der Blutbildung. Ein tieferes Verständnis seiner Struktur und Funktionen hilft uns, unsere Gesundheit zu erhalten und mögliche Probleme frühzeitig zu erkennen.

Im nächsten Kapitel widmen wir uns dem **Muskelsystem**, das zusammen mit den Knochen für die Bewegung und Kraft des Körpers verantwortlich ist.

Kapitel 3: Das Muskelsystem – Bewegung und Kraft

Das Muskelsystem ist ein zentraler Bestandteil des menschlichen Körpers, der uns Bewegung ermöglicht, Haltung verleiht und lebenswichtige Funktionen wie Atmung und Herzschlag unterstützt. In diesem Kapitel betrachten wir den Aufbau und die verschiedenen Arten von Muskeln, ihre Funktionsweise und ihre Bedeutung für den Körper.

3.1 Arten von Muskeln und ihre Funktionen

Der menschliche Körper verfügt über drei Hauptarten von Muskelgewebe, die jeweils spezielle Aufgaben erfüllen:

- **Skelettmuskulatur:** Diese Muskeln sind mit den Knochen verbunden und ermöglichen willkürliche Bewegungen. Sie werden bewusst gesteuert und sind verantwortlich für Bewegungen wie Gehen, Laufen oder Heben. Ihre markante Streifenstruktur gibt ihnen den Namen *quergestreifte Muskulatur*.

- **Herzmuskulatur:** Das Herz besteht aus einem speziellen Muskelgewebe, das autonom arbeitet und den Herzschlag reguliert. Diese Muskeln besitzen ebenfalls eine Streifenstruktur, funktionieren jedoch unwillkürlich und sind durch ihre hohe Ausdauerfähigkeit geprägt.

- **Glatte Muskulatur:** Diese Muskulatur findet sich in den Wänden der inneren Organe, wie dem Magen, den Blutgefäßen und dem Darm. Sie ist für unbewusste Bewegungen wie die Kontraktion der Blutgefäße und die Peristaltik des Verdauungssystems verantwortlich.

3.2 Muskelkontraktion und Energieverbrauch

Die Kontraktion von Muskeln basiert auf einem ausgeklügelten Mechanismus, der als **Gleitfilament-Theorie** bekannt ist. Bei dieser Theorie gleiten die *Aktin- und Myosinfilamente* aneinander vorbei, was eine Verkürzung der Muskelfaser und damit eine Kontraktion bewirkt. Dieser Prozess erfordert Energie in Form von **Adenosintriphosphat (ATP)**. Sobald ATP gespalten wird, setzt es die nötige Energie für die Muskelkontraktion frei.

Zusammenspiel von Nerven und Muskeln: Die Kontraktion der Skelettmuskulatur wird durch Signale des Nervensystems ausgelöst. Ein elektrischer Impuls erreicht die Muskelfasern über sogenannte *motorische Neuronen*, was die Freisetzung von Kalziumionen in den Muskelzellen stimuliert und den Kontraktionsprozess in Gang setzt.

3.3 Trainings- und Rehabilitationsaspekte

Regelmäßiges Training hat eine signifikante Auswirkung auf die Muskeln. Es führt zu einer Zunahme der Muskelmasse (*Hypertrophie*), einer verbesserten Durchblutung und einer höheren Effizienz bei der Energieumwandlung. **Ausdauertraining** stärkt vor allem die Herzmuskulatur und fördert die Sauerstoffversorgung, während **Krafttraining** gezielt die Skelettmuskulatur aufbaut.

Vorteile von Muskeltraining:

- **Verbesserte Stoffwechselrate:** Muskelmasse verbrennt mehr Kalorien, selbst im Ruhezustand.
- **Stabilität und Schutz:** Gut trainierte Muskeln unterstützen die Gelenke und schützen vor Verletzungen.
- **Reduzierte Gefahr chronischer Krankheiten:** Ein starkes Muskelsystem trägt zur Vorbeugung von Erkrankungen wie Typ-2-Diabetes und Herz-Kreislauf-Erkrankungen bei.

Rehabilitation nach Verletzungen: Verletzungen wie Zerrungen und Muskelrisse sind häufig und erfordern gezielte physiotherapeutische Maßnahmen, um eine vollständige Genesung zu gewährleisten. Dies kann Übungen zur Mobilisierung, Dehnung und Stärkung der betroffenen Muskeln umfassen.

3.4 Muskelkrankheiten und deren Behandlung

Verschiedene Erkrankungen können das Muskelsystem beeinträchtigen, von **Muskeldystrophien**, die genetisch bedingt sind und zu fortschreitendem Muskelschwund führen, bis hin zu entzündlichen Muskelerkrankungen wie **Myositis**. Die Behandlung solcher Krankheiten reicht von Medikamenten und physikalischer Therapie bis hin zu speziellen Trainingsprogrammen.

Häufige Muskelkrankheiten:

- **Fibromyalgie:** Eine chronische Erkrankung, die weit verbreitete Schmerzen und Empfindlichkeit in den Muskeln verursacht.
- **Muskelkrämpfe:** Plötzliche und unkontrollierte Kontraktionen, oft verursacht durch Elektrolytstörungen oder Dehydrierung.
- **Tendinitis:** Eine Entzündung der Sehnen, die Muskeln mit Knochen verbinden.

Fazit

Das Muskelsystem ist essenziell für unsere Mobilität und unser Wohlbefinden. Es ist nicht nur für körperliche Aktivitäten entscheidend, sondern auch für zahlreiche unbewusste Prozesse, die unser Leben ermöglichen. Ein Verständnis der Funktionsweise und Pflege des Muskelsystems kann helfen, die körperliche Gesundheit zu erhalten und Verletzungen vorzubeugen.

Im nächsten Kapitel werden wir das **Herz-Kreislauf-System** untersuchen – das lebenswichtige Netzwerk, das das Blut durch unseren Körper pumpt und jede Zelle mit Sauerstoff und Nährstoffen versorgt.

Kapitel 4: Das Herz-Kreislauf-System – Der Motor des Lebens

Das Herz-Kreislauf-System ist eines der zentralen Systeme des menschlichen Körpers und spielt eine wesentliche Rolle bei der Versorgung der Organe mit Sauerstoff und Nährstoffen. In diesem Kapitel betrachten wir die Anatomie des Herzens, den Blutkreislauf, und wie dieses System Gesundheit und Wohlbefinden beeinflusst.

4.1 Anatomie des Herzens

Das Herz ist ein muskuläres Organ, das etwa faustgroß ist und sich im Brustkorb leicht nach links versetzt befindet. Es ist in vier Kammern unterteilt:

- **Zwei Vorhöfe (Atrien)**: Diese Kammern nehmen das Blut aus dem Körper (rechter Vorhof) und den Lungen (linker Vorhof) auf.
- **Zwei Hauptkammern (Ventrikel)**: Der rechte Ventrikel pumpt das Blut in die Lungen zur Sauerstoffanreicherung, während der linke Ventrikel das sauerstoffreiche Blut durch den Körperkreislauf pumpt.

Zwischen den Kammern befinden sich Herzklappen, die dafür sorgen, dass das Blut in die richtige Richtung fließt und ein Zurückfließen verhindert wird. Die **Herzmuskelwand**, das Myokard, ist verantwortlich für die Kontraktionskraft des Herzens.

4.2 Der Blutkreislauf und Blutgefäße

Das Herz-Kreislauf-System gliedert sich in zwei Hauptkreisläufe:

- **Der Lungenkreislauf**: Dieser beginnt im rechten Ventrikel, der das sauerstoffarme Blut in die Lungen pumpt, wo der Gasaustausch stattfindet. Das Blut wird mit Sauerstoff angereichert und kehrt in den linken Vorhof zurück.

- **Der Körperkreislauf**: Das sauerstoffreiche Blut fließt vom linken Ventrikel durch die **Aorta** in den gesamten Körper und versorgt Organe und Gewebe mit Sauerstoff. Anschließend kehrt das nun sauerstoffarme Blut über die **Venen** in den rechten Vorhof zurück.

Arten von Blutgefäßen:

- **Arterien**: Diese Gefäße transportieren sauerstoffreiches Blut vom Herzen zu den Organen.

- **Venen**: Sie leiten das sauerstoffarme Blut zurück zum Herzen.

- **Kapillaren**: Die kleinsten Blutgefäße, die den Austausch von Sauerstoff, Nährstoffen und Abfallstoffen zwischen Blut und Gewebe ermöglichen.

4.3 Herzgesundheit und kardiovaskuläre Erkrankungen

Das Herz-Kreislauf-System ist anfällig für eine Vielzahl von Erkrankungen, die häufig durch ungesunde Lebensgewohnheiten, genetische Faktoren oder Alterung verursacht werden. Zu den häufigsten Erkrankungen gehören:

- **Koronare Herzkrankheit (KHK)**: Verengung der Herzkranzgefäße durch Ablagerungen (Arteriosklerose), was die Sauerstoffversorgung des Herzmuskels verringert.

- **Herzinfarkt**: Tritt auf, wenn der Blutfluss zu einem Teil des Herzens blockiert ist, was zu einem Absterben des Herzgewebes führt.

- **Bluthochdruck (Hypertonie)**: Ein Zustand, der das Herz übermäßig belastet und langfristig Schäden an den Blutgefäßen verursachen kann.

Präventionsmaßnahmen:

- **Gesunde Ernährung**: Eine ausgewogene Kost mit wenig gesättigten Fettsäuren und viel Obst und Gemüse kann helfen, den Cholesterinspiegel zu senken.

- **Regelmäßige Bewegung**: Fördert die Durchblutung und stärkt die Herzmuskulatur.

- **Stressmanagement**: Chronischer Stress kann den Blutdruck erhöhen und zu Herzproblemen führen.

4.4 Der Einfluss von Lebensstil und Umweltfaktoren

Der Lebensstil hat einen enormen Einfluss auf die Gesundheit des Herz-Kreislauf-Systems. Rauchen, eine fettreiche Ernährung und Bewegungsmangel sind Hauptfaktoren, die das Risiko für kardiovaskuläre Erkrankungen erhöhen. Umgekehrt kann regelmäßige körperliche Aktivität die Elastizität der Blutgefäße verbessern und das Risiko für Erkrankungen senken.

Auch Umweltfaktoren wie Luftverschmutzung und Lärm spielen eine Rolle bei der Herzgesundheit. Feinstaub und andere Schadstoffe können Entzündungen in den Blutgefäßen verursachen und das Risiko für Herzinfarkte erhöhen.

Fazit

Das Herz-Kreislauf-System ist der Schlüssel zu unserer Vitalität. Seine Aufgabe, das Blut durch den Körper zu pumpen und lebenswichtige Funktionen zu ermöglichen, ist entscheidend für unser Überleben. Ein gesunder Lebensstil, regelmäßige Bewegung und eine ausgewogene Ernährung sind entscheidend, um dieses System funktionsfähig zu halten und kardiovaskulären Erkrankungen vorzubeugen.

Im nächsten Kapitel werden wir das **Atmungssystem** erkunden, das eng mit dem Herz-Kreislauf-System zusammenarbeitet, um unseren Körper mit dem lebensnotwendigen Sauerstoff zu versorgen und Kohlendioxid abzuführen.

Kapitel 5: Das Atmungssystem – Die Kunst des Atmens

Das Atmungssystem ist eines der faszinierendsten und komplexesten Systeme des menschlichen Körpers. Es versorgt den Körper mit dem lebensnotwendigen Sauerstoff und entfernt Kohlendioxid, ein Abfallprodukt des Stoffwechsels. In diesem Kapitel untersuchen wir den Aufbau der Atemwege, den Mechanismus des Gasaustauschs und die Bedeutung der Atmung für die Gesundheit.

5.1 Aufbau der Lunge und der Atemwege

Das Atmungssystem besteht aus einer Reihe von Organen, die in zwei Hauptbereiche unterteilt werden können:

- **Obere Atemwege**: Dazu gehören die Nase, die Nasenhöhle und der Rachen. Diese Bereiche sind dafür verantwortlich, die eingeatmete Luft zu filtern, zu befeuchten und zu erwärmen.

- **Untere Atemwege**: Dazu zählen der Kehlkopf, die Luftröhre, die Bronchien und die Lungen.

Die Lunge, das Hauptorgan des Atmungssystems, ist paarig angelegt und liegt im Brustkorb. Die rechte Lunge besteht aus drei Lappen, während die linke aufgrund der Position des Herzens nur zwei Lappen hat. In den Lungen verzweigen sich die Bronchien in immer kleinere Bronchiolen, die schließlich in winzigen Lungenbläschen, den **Alveolen**, enden. Diese Alveolen sind von einem dichten Netzwerk von Kapillaren umgeben und der Ort, an dem der Gasaustausch stattfindet.

5.2 Der Gasaustausch und die Atemmechanik

Die Atmung ist ein komplexer Prozess, der zwei Phasen umfasst:

- **Einatmung (Inspiration)**: Der Zwerchfellmuskel und die Zwischenrippenmuskulatur ziehen sich zusammen, wodurch der Brustraum sich erweitert und Luft in die Lungen gesogen wird.
- **Ausatmung (Exspiration)**: Diese Phase ist meist passiv; die Muskeln entspannen sich, der Brustraum zieht sich zusammen, und die Luft wird aus den Lungen herausgedrückt.

Der Gasaustausch findet in den Alveolen statt, wo Sauerstoff aus der eingeatmeten Luft ins Blut übergeht und Kohlendioxid aus dem Blut in die Lungen abgegeben wird. Dieser Austausch erfolgt durch Diffusion und hängt von der Differenz der Gaskonzentrationen in den Alveolen und im Blut ab.

5.3 Atemwegserkrankungen und ihre Folgen

Das Atmungssystem ist anfällig für eine Vielzahl von Erkrankungen, die sowohl akute als auch chronische Verläufe nehmen können. Einige der häufigsten Erkrankungen sind:

- **Asthma**: Eine chronische Entzündung der Atemwege, die zu Atemnot, Husten und Keuchen führt. Die Auslöser sind vielfältig und reichen von Allergenen bis zu körperlicher Anstrengung.

- **Chronisch obstruktive Lungenerkrankung (COPD)**: Eine progressive Erkrankung, die vor allem durch Rauchen verursacht wird und zu Atemnot und einer verminderten Lungenfunktion führt.

- **Lungenentzündung (Pneumonie)**: Eine Infektion der Lungen, die durch Bakterien, Viren oder Pilze verursacht werden kann und zu Husten, Fieber und Atembeschwerden führt.

Prävention und Behandlung:

- **Prävention**: Ein rauchfreies Leben, das Meiden von Schadstoffen und eine regelmäßige körperliche Aktivität tragen zur Gesundheit des Atmungssystems bei.

- **Behandlung**: Medikamente wie Bronchodilatatoren und Steroide können bei Erkrankungen wie Asthma oder COPD helfen, die Atemwege zu erweitern und Entzündungen zu reduzieren.

5.4 Die Bedeutung der Atmung für das Wohlbefinden

Die Atmung beeinflusst nicht nur die körperliche Gesundheit, sondern auch das allgemeine Wohlbefinden. **Tiefes, bewusstes Atmen** kann den Körper entspannen, Stress abbauen und die Sauerstoffversorgung des Gehirns verbessern. Praktiken wie Yoga und Meditation legen großen Wert auf Atemtechniken, um Körper und Geist in Einklang zu bringen.

Stress und Atemmuster: Bei Stress neigen Menschen dazu, flach zu atmen, was die Sauerstoffversorgung verringert und Spannungen im Körper erhöhen kann. Regelmäßiges Atemtraining und bewusste Atemübungen können dazu beitragen, Stress zu lindern und die Lungenkapazität zu verbessern.

Fazit

Das Atmungssystem ist lebenswichtig für die Versorgung des Körpers mit Sauerstoff und die Ausscheidung von Kohlendioxid. Ein besseres Verständnis seiner Funktionen hilft uns, die Bedeutung der Atmung für unsere Gesundheit zu erkennen und Maßnahmen zu ergreifen, um Erkrankungen vorzubeugen.

Im nächsten Kapitel widmen wir uns dem **Verdauungssystem**, das den Körper mit Nährstoffen versorgt und eng mit der Aufrechterhaltung der Energie und des allgemeinen Wohlbefindens verbunden ist.

Kapitel 6: Das Verdauungssystem – Der Weg der Nahrung

Das Verdauungssystem ist ein erstaunliches Netzwerk von Organen, das Nahrung in Energie und Nährstoffe umwandelt, die unser Körper benötigt. Es spielt eine zentrale Rolle in der Versorgung jeder einzelnen Zelle mit den nötigen Substanzen, um zu funktionieren und zu wachsen. In diesem Kapitel werden wir den Aufbau des Verdauungstrakts, die Prozesse der Verdauung und häufige Erkrankungen genauer betrachten.

6.1 Der Verdauungsprozess von Mund bis Darm

Der Verdauungsprozess beginnt bereits im Mund, wo die Nahrung mechanisch durch Kauen und chemisch durch Enzyme im Speichel zerkleinert wird. Von dort aus durchläuft sie mehrere Stationen:

- **Mund und Speiseröhre**: Die Nahrung wird durch das Kauen zerkleinert und mit Speichel vermischt, der Enzyme enthält, die die ersten Schritte der Kohlenhydratverdauung einleiten. Der **Speisebrei** gelangt dann durch die Speiseröhre in den Magen.

- **Magen**: Der Magen ist ein muskuläres Hohlorgan, das den Speisebrei mit Magensäure und Enzymen durchmischt. Diese Säure tötet Bakterien ab und beginnt die Zersetzung von Proteinen. Eine

Schleimschicht schützt die Magenwand vor der aggressiven Säure.

- **Dünndarm**: Hier findet der Großteil der Verdauung und Nährstoffaufnahme statt. Der Dünndarm ist in drei Abschnitte unterteilt: Zwölffingerdarm, Leerdarm und Krummdarm. Enzyme aus der Bauchspeicheldrüse und Galle aus der Leber unterstützen die Verdauung.
- **Dickdarm**: Nach der Passage durch den Dünndarm gelangt der Rest in den Dickdarm, wo Wasser und Elektrolyte resorbiert werden und die verbleibenden unverdaulichen Reste zu Stuhl geformt werden.

6.2 Leber, Bauchspeicheldrüse und ihre Rolle in der Verdauung

Die **Leber** ist ein zentrales Organ im Verdauungssystem und erfüllt zahlreiche Aufgaben:

- **Produktion von Galle**, die bei der Fettverdauung hilft.
- **Entgiftung** von schädlichen Substanzen.
- **Speicherung von Nährstoffen** wie Glykogen, Vitaminen und Mineralien.

Die **Bauchspeicheldrüse** ist sowohl eine exokrine als auch eine endokrine Drüse:

- **Exokrine Funktion**: Sie produziert Enzyme, die Kohlenhydrate, Fette und Proteine abbauen.

- **Endokrine Funktion**: Sie produziert die Hormone Insulin und Glukagon, die den Blutzuckerspiegel regulieren.

6.3 Häufige Verdauungsstörungen und deren Behandlung

Verdauungsprobleme sind weit verbreitet und können von leichten Beschwerden bis hin zu schweren Erkrankungen reichen:

- **Sodbrennen (Refluxkrankheit)**: Eine häufige Beschwerde, die durch den Rückfluss von Magensäure in die Speiseröhre verursacht wird. Die Behandlung reicht von Ernährungsumstellungen bis zu Medikamenten wie Antazida.

- **Reizdarmsyndrom (IBS)**: Eine chronische Störung, die Bauchschmerzen, Blähungen und Durchfall oder Verstopfung verursacht. Stressmanagement und eine angepasste Ernährung können helfen, die Symptome zu lindern.

- **Morbus Crohn und Colitis ulcerosa**: Entzündliche Darmerkrankungen, die eine spezielle medizinische Betreuung erfordern.

Präventionsmaßnahmen:

- **Ballaststoffreiche Ernährung**: Fördert eine gesunde Verdauung und verringert das Risiko von Verstopfung.

- **Ausreichende Flüssigkeitszufuhr**: Hilft, den Verdauungstrakt in Bewegung zu halten.

- **Regelmäßige Bewegung**: Unterstützt die Darmfunktion und fördert die Peristaltik.

6.4 Die Bedeutung der Mikrobiota

Die **Darmmikrobiota**, eine Gemeinschaft von Billionen Mikroorganismen, spielt eine wesentliche Rolle für die Verdauung, das Immunsystem und die allgemeine Gesundheit. Diese Bakterien helfen bei der Zersetzung von Ballaststoffen und der Produktion von Vitaminen wie Vitamin K und bestimmten B-Vitaminen. Eine gesunde Darmflora kann durch eine ausgewogene Ernährung mit fermentierten Lebensmitteln und Präbiotika gefördert werden.

Faktoren, die die Mikrobiota beeinflussen:

- **Ernährung**: Zuckerreiche und ballaststoffarme Diäten können das Gleichgewicht der Darmbakterien stören.
- **Antibiotika**: Können nützliche Bakterien abtöten und das Mikrobiom aus dem Gleichgewicht bringen.
- **Probiotika**: Nahrungsergänzungsmittel oder Lebensmittel wie Joghurt können helfen, die Darmflora zu unterstützen.

Fazit

Das Verdauungssystem ist ein hochkomplexes Netzwerk, das entscheidend für die Gesundheit und das Wohlbefinden des Menschen ist. Ein tiefes Verständnis seiner Funktionsweise und der Einflussfaktoren hilft, die eigene Gesundheit zu fördern und Verdauungsstörungen vorzubeugen.

Im nächsten Kapitel widmen wir uns dem **Nervensystem**, dem Kontrollzentrum des Körpers, das alle unsere Bewegungen, Sinne und Reaktionen steuert.

Kapitel 7: Das Nervensystem – Das Kontrollzentrum des Körpers

Das Nervensystem ist das komplexeste und leistungsfähigste System des menschlichen Körpers. Es steuert nicht nur unsere Bewegungen und Wahrnehmungen, sondern auch alle unbewussten Prozesse, wie die Regulation des Herzschlags und der Atmung. In diesem Kapitel werden wir die Struktur des Nervensystems, seine Funktionsweise und die wichtigsten neurologischen Erkrankungen untersuchen.

7.1 Aufbau des Gehirns und des Rückenmarks

Das Nervensystem ist in zwei Hauptbereiche unterteilt:

- **Zentrales Nervensystem (ZNS)**: Umfasst das Gehirn und das Rückenmark. Das Gehirn ist das Kontrollzentrum und steuert alle bewussten und unbewussten Körperfunktionen. Das Rückenmark ist der Hauptübertragungsweg für Signale zwischen Gehirn und Körper.

- **Peripheres Nervensystem (PNS)**: Umfasst alle Nerven, die außerhalb des Gehirns und Rückenmarks liegen und die Verbindung zwischen dem ZNS und den restlichen Körperteilen herstellen.

Struktur des Gehirns: Das Gehirn selbst ist in mehrere Hauptbereiche gegliedert:

- **Großhirn (Cerebrum)**: Zuständig für höhere Funktionen wie Denken, Fühlen und Handeln. Es ist in zwei Hemisphären unterteilt und in verschiedene Lappen gegliedert, die jeweils spezifische Aufgaben erfüllen (z.B. der Frontallappen für Planung und Entscheidungsfindung).
- **Kleinhirn (Cerebellum)**: Koordiniert die Bewegungen und sorgt für das Gleichgewicht.
- **Hirnstamm**: Regelt grundlegende Lebensfunktionen wie Atmung, Herzschlag und den Schlaf-Wach-Rhythmus.

Rückenmark: Das Rückenmark verläuft durch die Wirbelsäule und überträgt Informationen zwischen Gehirn und Körper. Reflexe, wie der Rückziehreflex bei einer Berührung mit einer heißen Oberfläche, werden hier automatisch ausgelöst, ohne dass das Gehirn direkt beteiligt ist.

7.2 Das periphere Nervensystem und seine Aufgaben

Das PNS ist in zwei Hauptkategorien unterteilt:

- **Somatisches Nervensystem**: Steuert bewusste Bewegungen und überträgt sensorische Informationen von den Sinnesorganen an das ZNS.
- **Autonomes Nervensystem (ANS)**: Regelt unbewusste Prozesse wie Herzschlag, Verdauung und Atmung und ist weiter unterteilt in:

- **Sympathisches Nervensystem**: Aktiviert die "Kampf-oder-Flucht"-Reaktion bei Stress.
- **Parasympathisches Nervensystem**: Fördert Ruhe und Erholung, indem es den Körper entspannt und regenerative Prozesse aktiviert.

7.3 Neurologische Erkrankungen und ihre Auswirkungen

Das Nervensystem kann durch eine Vielzahl von Erkrankungen beeinträchtigt werden, die schwerwiegende Folgen haben können. Einige der häufigsten neurologischen Erkrankungen sind:

- **Alzheimer-Krankheit**: Eine degenerative Erkrankung, die das Gedächtnis und andere geistige Fähigkeiten allmählich beeinträchtigt. Sie ist die häufigste Form der Demenz und wird durch abnormale Proteinanlagerungen im Gehirn verursacht.
- **Parkinson-Krankheit**: Eine Störung, die zu Zittern, Steifheit und Koordinationsproblemen führt. Sie entsteht durch den Verlust von Dopamin-produzierenden Zellen im Gehirn.
- **Epilepsie**: Eine chronische Erkrankung, die durch wiederkehrende Anfälle gekennzeichnet ist, verursacht durch unkontrollierte elektrische Aktivitäten im Gehirn.

Symptome und Behandlung:

- **Symptome**: Die Symptome neurologischer Erkrankungen können von Muskelschwäche und Lähmungen bis hin zu kognitiven Beeinträchtigungen reichen.

- **Behandlung**: Je nach Krankheit können Medikamente, Physiotherapie, chirurgische Eingriffe und in einigen Fällen auch innovative Therapien wie tiefe Hirnstimulation eingesetzt werden.

7.4 Wie das Nervensystem Körper und Geist verbindet

Das Nervensystem spielt eine zentrale Rolle bei der Integration von Körper und Geist. Es ermöglicht uns, äußere Reize zu verarbeiten und darauf zu reagieren, Erinnerungen zu speichern und Emotionen zu erleben. Auch komplexe kognitive Prozesse wie Lernen, Problemlösung und Kreativität basieren auf der Funktion des Nervensystems.

Neuronale Plastizität: Ein bemerkenswertes Merkmal des Nervensystems ist seine Fähigkeit zur **Plastizität**, also zur Anpassung und Umstrukturierung. Diese Fähigkeit ermöglicht es dem Gehirn, sich an neue Informationen oder Schäden anzupassen, indem es neue neuronale Verbindungen bildet.

Stress und das Nervensystem: Dauerhafter Stress kann das Nervensystem beeinträchtigen, indem es das sympathische Nervensystem aktiviert und die Ausschüttung von Stresshormonen wie Cortisol erhöht. Dies kann langfristig zu Gesundheitsproblemen führen, einschließlich Herz-Kreislauf-Erkrankungen und einer Beeinträchtigung des Immunsystems.

Fazit

Das Nervensystem ist das komplexeste und faszinierendste Organ des menschlichen Körpers. Es koordiniert nicht nur unsere Bewegungen und sensorischen Eindrücke, sondern ist auch für unsere geistigen und emotionalen Prozesse verantwortlich. Ein tiefes Verständnis der Funktionsweise und Pflege des Nervensystems kann dazu beitragen, die geistige Gesundheit zu fördern und neurologischen Erkrankungen vorzubeugen.

Im nächsten Kapitel werden wir das **Immunsystem** erkunden, unseren unsichtbaren Schutzschild gegen Krankheiten und Infektionen.

Kapitel 8: Das Immunsystem – Der innere Schutzschild

Das Immunsystem ist das Abwehrsystem des Körpers, das uns vor Infektionen, Krankheiten und fremden Eindringlingen schützt. Es ist komplex, dynamisch und besteht aus einer Vielzahl von Organen, Zellen und Molekülen, die zusammenarbeiten, um den Körper zu verteidigen. In diesem Kapitel betrachten wir die Struktur und Funktionsweise des Immunsystems, die unterschiedlichen Immunreaktionen und gängige Erkrankungen, die es betreffen.

8.1 Bestandteile und Funktionsweise des Immunsystems

Das Immunsystem besteht aus einem Netzwerk von Organen, Geweben und Zellen, das in zwei Hauptkategorien unterteilt werden kann:

- **Angeborenes Immunsystem**: Die erste Verteidigungslinie, die sofort auf Eindringlinge reagiert. Dazu gehören physische Barrieren wie Haut und Schleimhäute, sowie Zellen wie Makrophagen und neutrophile Granulozyten, die Krankheitserreger erkennen und zerstören.

- **Adaptives Immunsystem**: Eine spezialisiertere Verteidigung, die bei wiederholtem Kontakt mit Krankheitserregern stärker und schneller reagiert. T-Zellen und B-Zellen gehören zu den Hauptakteuren dieses Systems, wobei B-Zellen Antikörper produzieren, die spezifische Eindringlinge markieren und neutralisieren.

Wichtige Organe des Immunsystems:

- **Knochenmark**: Produktionsstätte der weißen Blutkörperchen.
- **Thymus**: Ort der Reifung von T-Zellen.
- **Lymphknoten und Milz**: Filtern Krankheitserreger aus der Lymphe und dem Blut und aktivieren Immunzellen.
- **Mandeln und Peyer-Plaques im Darm**: Unterstützen die Abwehr in den Schleimhäuten.

8.2 Arten der Immunreaktionen

Das Immunsystem kann auf verschiedene Weise auf Krankheitserreger reagieren:

- **Unspezifische Immunreaktion**: Diese schnelle Reaktion umfasst die Freisetzung von Entzündungsmediatoren, Fieber und die Aktivierung von Fresszellen, die eindringende Mikroorganismen direkt angreifen.
- **Spezifische Immunreaktion**: Diese Reaktion benötigt mehr Zeit, ist dafür aber gezielter. T-Helferzellen erkennen Antigene auf der Oberfläche von Krankheitserregern und aktivieren B-Zellen, die Antikörper produzieren.
- **Immunologisches Gedächtnis**: Ein besonderer Vorteil des adaptiven Immunsystems ist seine

Fähigkeit, sich an Krankheitserreger zu erinnern und bei erneutem Kontakt schneller zu reagieren.

8.3 Autoimmunerkrankungen und Immunreaktionen

Manchmal versagt das Immunsystem und greift körpereigene Zellen an. Dies führt zu **Autoimmunerkrankungen**, bei denen das Immunsystem nicht zwischen Fremd- und Eigengewebe unterscheiden kann. Zu den häufigsten Autoimmunerkrankungen gehören:

- **Rheumatoide Arthritis**: Das Immunsystem greift die Gelenke an, was zu Entzündungen und Schmerzen führt.

- **Multiple Sklerose**: Die Immunzellen greifen die Myelinscheiden der Nervenzellen an, was zu neurologischen Symptomen führt.

- **Typ-1-Diabetes**: Das Immunsystem zerstört die insulinproduzierenden Zellen der Bauchspeicheldrüse.

Ursachen für Autoimmunerkrankungen sind oft unbekannt, werden aber genetischen Faktoren und Umweltbedingungen zugeschrieben. Die Behandlung konzentriert sich häufig auf die Linderung der Symptome durch immunsuppressive Medikamente.

8.4 Moderne Forschung im Bereich Immunologie

Die Immunologie ist ein sich schnell entwickelnder Bereich, der ständig neue Erkenntnisse über die Funktionsweise des Immunsystems liefert. **Immuntherapien** haben in den letzten Jahren an Bedeutung gewonnen, insbesondere bei der Behandlung von Krebs. Diese Therapien nutzen das Immunsystem des Patienten, um Krebszellen gezielt zu bekämpfen.

Beispiele moderner Immuntherapien:

- **Checkpoint-Inhibitoren**: Blockieren Proteine, die das Immunsystem daran hindern, Krebszellen anzugreifen.
- **CAR-T-Zelltherapie**: Modifiziert die T-Zellen des Patienten genetisch, um Krebszellen zu erkennen und zu zerstören.

Impfstoffe sind ein weiterer bedeutender Fortschritt in der Immunologie. Sie trainieren das Immunsystem, sich gegen bestimmte Krankheitserreger zu verteidigen, ohne die Krankheit selbst auszulösen. Dies hat zu großen Erfolgen in der Bekämpfung von Infektionskrankheiten wie Pocken, Masern und COVID-19 geführt.

Fazit

Das Immunsystem ist ein unglaublich komplexes, fein abgestimmtes Netzwerk, das entscheidend für unsere Gesundheit ist. Seine Fähigkeit, zwischen fremden und körpereigenen Substanzen zu unterscheiden, ist für die Bekämpfung von Infektionen ebenso wichtig wie für die Aufrechterhaltung der inneren Stabilität. Ein tieferes Verständnis der Mechanismen und Erkrankungen des Immunsystems hilft, präventive Maßnahmen zu treffen und Therapien zu entwickeln, die die Lebensqualität verbessern.

Im nächsten Kapitel wird das **Hormonsystem** beleuchtet, das über chemische Signale Körperprozesse reguliert und unser Wohlbefinden maßgeblich beeinflusst.

Kapitel 9: Das Hormonsystem – Chemische Botschaften

Das Hormonsystem, auch endokrines System genannt, ist ein Netzwerk aus Drüsen und Organen, das Hormone produziert und freisetzt, um zahlreiche Körperfunktionen zu steuern. Diese chemischen Botenstoffe sind für das Wachstum, den Stoffwechsel, die Fortpflanzung und viele andere lebenswichtige Prozesse verantwortlich. In diesem Kapitel werden wir den Aufbau des Hormonsystems, seine wichtigsten Drüsen und die Rolle von Hormonen im Körper untersuchen.

9.1 Endokrine Drüsen und Hormone

Das Hormonsystem besteht aus verschiedenen Drüsen, die Hormone direkt ins Blut abgeben. Diese Hormone wirken auf spezifische Zielorgane und regulieren deren Funktionen. Die wichtigsten endokrinen Drüsen sind:

- **Hypophyse (Hirnanhangsdrüse)**: Sie ist die „Masterdrüse" des Körpers und reguliert andere Drüsen. Sie produziert Hormone wie das Wachstumshormon (GH) und das adrenokortikotrope Hormon (ACTH).

- **Schilddrüse**: Produziert Schilddrüsenhormone (T3 und T4), die den Stoffwechsel und die Energieproduktion steuern.

- **Nebennieren**: Produzieren Hormone wie Adrenalin und Cortisol, die bei Stressreaktionen eine Rolle spielen.

- **Bauchspeicheldrüse**: Hat eine doppelte Funktion, indem sie Verdauungsenzyme und Hormone wie Insulin und Glukagon freisetzt, die den Blutzuckerspiegel regulieren.

- **Gonaden (Eierstöcke und Hoden)**: Verantwortlich für die Produktion von Geschlechtshormonen wie Östrogen, Progesteron und Testosteron, die Fortpflanzung und sexuelle Merkmale steuern.

9.2 Die Rolle der Hormone bei Wachstum und Stoffwechsel

Hormone haben tiefgreifende Auswirkungen auf fast jeden Aspekt unserer Gesundheit:

- **Wachstumshormon (GH)**: Fördert das Wachstum von Knochen und Gewebe und ist besonders in der Kindheit und Jugend von entscheidender Bedeutung.

- **Insulin**: Reguliert den Blutzuckerspiegel und fördert die Speicherung von Glukose in den Zellen. Ein Mangel an Insulin oder die Unfähigkeit des Körpers, darauf zu reagieren, führt zu Diabetes.

- **Schilddrüsenhormone**: Steuern den Stoffwechsel, indem sie die Geschwindigkeit beeinflussen, mit der der Körper Energie verbrennt. Ein Mangel führt zu Hypothyreose (Unterfunktion), was zu Müdigkeit,

Gewichtszunahme und Kälteempfindlichkeit führen kann.

Stoffwechselregulation: Hormone beeinflussen die Umwandlung von Nährstoffen in Energie. Ein komplexes Zusammenspiel zwischen Insulin, Glukagon, Adrenalin und anderen Hormonen sorgt dafür, dass der Körper in Zeiten von Energiebedarf ausreichend versorgt ist.

9.3 Hormonelle Störungen und Therapien

Ein Ungleichgewicht im Hormonsystem kann zu einer Vielzahl von Störungen führen:

- **Diabetes mellitus**: Eine der bekanntesten hormonellen Erkrankungen, die durch einen Mangel an Insulin (Typ-1-Diabetes) oder eine Insulinresistenz (Typ-2-Diabetes) gekennzeichnet ist.

- **Schilddrüsenerkrankungen**: Über- oder Unterproduktion von Schilddrüsenhormonen kann zu Symptomen wie Gewichtsverlust oder -zunahme, Herzrasen oder extremer Müdigkeit führen.

- **Cushing-Syndrom**: Verursacht durch eine Überproduktion von Cortisol, was zu Gewichtszunahme, Bluthochdruck und Hautveränderungen führt.

Therapiemöglichkeiten:

- **Hormonersatztherapien**: Werden oft eingesetzt, um Mängel auszugleichen, wie z.B. Schilddrüsenhormone bei Hypothyreose.

- **Insulintherapie**: Wesentlich für die Behandlung von Typ-1-Diabetes.

- **Medikamente zur Regulation von Hormonspiegeln**: Diese helfen, Überfunktionen zu kontrollieren, etwa durch Thyreostatika bei einer Überfunktion der Schilddrüse.

9.4 Einfluss von Hormonen auf Stimmung und Verhalten

Hormone haben nicht nur körperliche, sondern auch psychische Auswirkungen. Hormone wie **Serotonin**, **Dopamin** und **Cortisol** beeinflussen unsere Stimmung, Energie und Reaktionen auf Stress. Ein hormonelles Ungleichgewicht kann zu Störungen wie Depressionen und Angstzuständen führen.

Stresshormone und ihre Rolle: Cortisol, bekannt als das „Stresshormon", hilft dem Körper, in akuten Stresssituationen zu reagieren, indem es Energie mobilisiert und die Aufmerksamkeit steigert. Ein chronisch hoher Cortisolspiegel kann jedoch zu Gesundheitsproblemen wie Bluthochdruck und einem geschwächten Immunsystem führen.

Geschlechtshormone und Verhalten: Östrogen und Testosteron spielen eine Schlüsselrolle in der Regulation von Stimmungen und dem Verhalten. Veränderungen im Hormonspiegel, wie sie etwa in der Pubertät, während des Menstruationszyklus oder in den Wechseljahren auftreten, können die Emotionen und das Verhalten stark beeinflussen.

Fazit

Das Hormonsystem ist ein unsichtbares, aber mächtiges Netzwerk, das unsere Gesundheit und unser Wohlbefinden steuert. Ein tiefes Verständnis der endokrinen Funktionen hilft, hormonelle Störungen besser zu erkennen und zu behandeln. Das Zusammenspiel von Drüsen, Hormonen und Zielorganen ermöglicht es dem Körper, sich an eine Vielzahl von Bedingungen anzupassen und auf äußere Reize zu reagieren.

Im nächsten Kapitel werden wir das **Fortpflanzungssystem** betrachten, das die Grundlage für das Leben selbst ist und sowohl bei Männern als auch Frauen komplexe Prozesse umfasst.

Kapitel 10: Das Fortpflanzungssystem – Ursprung des Lebens

Das Fortpflanzungssystem ist einzigartig, da es das Überleben und die Fortpflanzung der menschlichen Spezies ermöglicht. Es ist verantwortlich für die Produktion von Geschlechtszellen, die Befruchtung und die Entwicklung eines neuen Lebens. In diesem Kapitel werden wir die Anatomie und Funktion der männlichen und weiblichen Fortpflanzungsorgane untersuchen sowie den Fortpflanzungsprozess und moderne reproduktionsmedizinische Verfahren beleuchten.

10.1 Anatomie und Funktion bei Männern

Das männliche Fortpflanzungssystem ist darauf ausgelegt, Spermien zu produzieren und sie für die Befruchtung zur Verfügung zu stellen. Die Hauptbestandteile sind:

- **Hoden (Testes)**: Die Hoden produzieren Spermien und das männliche Hormon Testosteron, das für die Entwicklung männlicher Geschlechtsmerkmale und die Regulierung der Libido verantwortlich ist.
- **Nebenhoden**: Ein stark gewundener Gang, in dem die Spermien reifen und gespeichert werden.
- **Samenleiter (Ductus deferens)**: Transportiert die Spermien vom Nebenhoden zur Harnröhre.

- **Prostata und Samenbläschen**: Produzieren Flüssigkeiten, die sich mit den Spermien mischen und das Ejakulat bilden. Diese Flüssigkeiten versorgen die Spermien mit Nährstoffen und erleichtern ihre Bewegung.

Spermatogenese: Der Prozess der Spermienproduktion beginnt in den Hoden und dauert etwa 64 Tage. Er läuft kontinuierlich ab und ist von der Temperatur abhängig, weshalb die Hoden außerhalb des Körpers liegen.

10.2 Anatomie und Funktion bei Frauen

Das weibliche Fortpflanzungssystem ist für die Produktion von Eizellen, die Aufnahme von Spermien und die Unterstützung der Schwangerschaft verantwortlich. Zu den wichtigsten Organen gehören:

- **Eierstöcke (Ovarien)**: Produzieren Eizellen und die Hormone Östrogen und Progesteron, die den Menstruationszyklus und die Schwangerschaft regulieren.

- **Eileiter**: Verbinden die Eierstöcke mit der Gebärmutter. Hier findet die Befruchtung der Eizelle durch die Spermien statt.

- **Gebärmutter (Uterus)**: Ein muskulöses Organ, in dem sich die befruchtete Eizelle einnistet und die Schwangerschaft ausgetragen wird.

- **Vagina**: Dient als Geburtskanal und als Aufnahmeorgan für Spermien.

Menstruationszyklus: Der Menstruationszyklus dauert etwa 28 Tage und wird durch hormonelle Schwankungen gesteuert. Der Zyklus besteht aus der Follikelphase, dem Eisprung und der Lutealphase. Während des Eisprungs wird eine reife Eizelle freigesetzt, die im Eileiter zur Befruchtung bereit ist.

10.3 Der Fortpflanzungsprozess und Schwangerschaft

Der Fortpflanzungsprozess beginnt mit der Befruchtung, bei der eine Spermienzelle in die Eizelle eindringt. Nach der Befruchtung bewegt sich die Eizelle in die Gebärmutter, wo sie sich in die Gebärmutterschleimhaut einnistet. Hier beginnt die Entwicklung des Embryos.

Phasen der Schwangerschaft:

- **Erstes Trimester**: Die wichtigsten Organe des Embryos entwickeln sich. Dies ist die empfindlichste Phase für Fehlbildungen.
- **Zweites Trimester**: Der Fötus wächst weiter, und die Mutter beginnt, Bewegungen zu spüren.
- **Drittes Trimester**: Der Fötus nimmt weiter an Gewicht zu und bereitet sich auf die Geburt vor.

Geburt: Die Geburt wird durch hormonelle Signale eingeleitet, die Wehen auslösen. Diese Kontraktionen der Gebärmutter helfen, den Fötus durch den Geburtskanal zu befördern.

10.4 Reproduktionsmedizin und Herausforderungen

In den letzten Jahrzehnten hat die Reproduktionsmedizin erhebliche Fortschritte gemacht, um Paaren zu helfen, die Schwierigkeiten haben, auf natürlichem Weg schwanger zu werden. Zu den wichtigsten Verfahren gehören:

- **In-vitro-Fertilisation (IVF)**: Ein Verfahren, bei dem Eizellen außerhalb des Körpers befruchtet und dann in die Gebärmutter eingesetzt werden.
- **Insemination**: Eine Methode, bei der Spermien direkt in die Gebärmutter eingeführt werden, um die Chancen auf eine Befruchtung zu erhöhen.
- **Hormontherapien**: Zur Unterstützung des Eisprungs oder zur Behandlung hormoneller Ungleichgewichte.

Herausforderungen und ethische Fragen: Reproduktionsmedizin wirft auch ethische Fragen auf, wie die Auswahl genetischer Merkmale und die Verwendung von Embryonenspende oder Leihmutterschaft. Die gesellschaftlichen und ethischen Diskussionen zu diesen Themen sind vielfältig und entwickeln sich ständig weiter.

Fazit

Das Fortpflanzungssystem ist ein essenzieller Bestandteil des menschlichen Körpers und der Schlüssel zur Entstehung neuen Lebens. Die komplexen Prozesse von der Gametenproduktion bis zur Geburt sind faszinierend und stellen das Wunder des Lebens dar. Ein Verständnis dieser Prozesse hilft nicht nur, das Leben zu schätzen, sondern auch, Herausforderungen wie Unfruchtbarkeit und reproduktive Gesundheitsprobleme besser zu verstehen.

Im nächsten Kapitel werden wir uns der **Haut** zuwenden, dem größten Organ des Körpers, das nicht nur als Schutzschicht dient, sondern auch wichtige Funktionen im Bereich der Sinneswahrnehmung und der Thermoregulation übernimmt.

Kapitel 11: Die Haut – Schutz und Sinnesorgan

Die Haut ist das größte Organ des menschlichen Körpers und erfüllt zahlreiche lebenswichtige Funktionen. Sie schützt uns vor Umwelteinflüssen, reguliert die Körpertemperatur und dient als Sinnesorgan, das Berührung, Schmerz und Temperatur wahrnimmt. In diesem Kapitel werden wir die Struktur und Funktion der Haut, ihre Rolle als Barriere und Sinnesorgan sowie häufige Hauterkrankungen untersuchen.

11.1 Schichten und Funktion der Haut

Die Haut besteht aus drei Hauptschichten, die jeweils spezifische Aufgaben erfüllen:

- **Epidermis (Oberhaut)**: Die äußerste Schicht der Haut, die als Barriere gegen Bakterien, Viren und andere Schadstoffe dient. Sie besteht aus mehreren Zellschichten, darunter die Hornschicht, die aus abgestorbenen Zellen besteht und einen wasserabweisenden Schutz bietet. Die Epidermis enthält auch **Melanozyten**, die das Pigment Melanin produzieren und die Haut vor UV-Strahlen schützen.

- **Dermis (Lederhaut)**: Diese mittlere Schicht enthält Bindegewebe, Blutgefäße, Nervenenden, Haarfollikel und Schweißdrüsen. Sie ist für die Elastizität und Festigkeit der Haut verantwortlich und spielt eine Rolle bei der Regulation der Körpertemperatur.

- **Subkutis (Unterhaut):** Die tiefste Schicht besteht aus Fettgewebe, das als Energiespeicher dient und den Körper vor Kälte schützt. Die Subkutis dämpft auch Stöße und schützt die darunter liegenden Organe.

11.2 Haut als Sinnesorgan und Thermoregulator

Die Haut ist mit einer Vielzahl von Rezeptoren ausgestattet, die unterschiedliche Empfindungen wahrnehmen:

- **Mechanorezeptoren:** Reagieren auf Druck und Berührung und ermöglichen das Erfühlen von Texturen und Vibrationen.

- **Thermorezeptoren:** Erfassen Temperaturänderungen und sorgen dafür, dass wir Wärme oder Kälte spüren.

- **Nozizeptoren:** Sind für die Wahrnehmung von Schmerz verantwortlich und schützen den Körper vor Schäden.

Thermoregulation: Die Haut trägt zur Regulierung der Körpertemperatur bei, indem sie durch Schwitzen Wärme abgibt oder durch die Verengung und Erweiterung der Blutgefäße die Wärmeabgabe reduziert bzw. erhöht. Diese Mechanismen sorgen dafür, dass die Körpertemperatur innerhalb eines gesunden Bereichs bleibt, um eine optimale Funktion der Organe zu gewährleisten.

11.3 Hautkrankheiten und Pflege

Die Haut ist anfällig für eine Vielzahl von Erkrankungen, die von harmlos bis schwerwiegend reichen können:

- **Akne**: Eine entzündliche Hauterkrankung, die durch verstopfte Poren, übermäßige Talgproduktion und bakterielle Infektionen verursacht wird. Sie tritt häufig während der Pubertät auf und kann Narben hinterlassen.

- **Ekzeme**: Eine chronische Hauterkrankung, die Juckreiz, Rötungen und Schuppenbildung verursacht. Auslöser können Allergien, Stress oder Hautreizungen sein.

- **Psoriasis (Schuppenflechte)**: Eine Autoimmunerkrankung, bei der sich die Hautzellen zu schnell erneuern, was zu schuppigen und entzündeten Hautstellen führt.

- **Hautkrebs**: Eine der schwerwiegendsten Hauterkrankungen, die durch übermäßige Sonneneinstrahlung und andere Faktoren ausgelöst werden kann. Die Früherkennung spielt eine entscheidende Rolle für eine erfolgreiche Behandlung.

Hautpflege: Die richtige Hautpflege ist entscheidend, um die Gesundheit der Haut zu erhalten. Dazu gehören:

- **Sonnenschutz**: Regelmäßiges Auftragen von Sonnencreme mit hohem Lichtschutzfaktor schützt vor UV-Strahlen und reduziert das Risiko von Hautkrebs.

- **Feuchtigkeitspflege**: Die Verwendung von Feuchtigkeitscremes hilft, die Hautbarriere zu stärken und Trockenheit zu vermeiden.
- **Sanfte Reinigung**: Verhindert, dass natürliche Öle entfernt werden, die die Haut schützen.

11.4 Die Haut als Immunorgan

Die Haut ist nicht nur eine physische Barriere, sondern auch ein aktiver Bestandteil des Immunsystems. Sie enthält spezielle Zellen wie **Langerhans-Zellen**, die in der Epidermis sitzen und eine Schlüsselrolle bei der Erkennung von Krankheitserregern spielen. Diese Zellen nehmen Antigene auf und präsentieren sie den Immunzellen, um eine Immunantwort auszulösen.

Mikrobiom der Haut: Die Haut ist von einer Vielzahl von Mikroorganismen besiedelt, die als **Hautmikrobiom** bekannt sind. Diese Mikroben spielen eine wichtige Rolle beim Schutz vor pathogenen Keimen und helfen, die Immunreaktion der Haut zu regulieren. Ein Ungleichgewicht im Mikrobiom kann zu Hautproblemen wie Akne oder Ekzemen führen.

Fazit

Die Haut ist ein bemerkenswert vielseitiges Organ, das weit mehr leistet, als nur den Körper zu bedecken. Sie schützt, reguliert und kommuniziert mit unserem Körper auf vielfältige Weise. Ein tiefes Verständnis ihrer Struktur und Funktionen ist entscheidend für die Pflege und den Schutz der Haut sowie für die Erkennung und Behandlung von Hauterkrankungen.

Im nächsten Kapitel widmen wir uns den **Sinnen**, den Toren zur Welt, die es uns ermöglichen, unsere Umgebung zu erfahren und zu verstehen.

Kapitel 12: Die Sinne – Fenster zur Welt

Unsere Sinne sind die Werkzeuge, die uns ermöglichen, die Welt um uns herum wahrzunehmen und mit ihr zu interagieren. Jeder Sinn vermittelt einzigartige Informationen, die zusammen ein umfassendes Bild unserer Umwelt ergeben. In diesem Kapitel beleuchten wir die fünf klassischen Sinne – Sehen, Hören, Riechen, Schmecken und Fühlen – und deren Rolle in unserem täglichen Leben sowie die zugrunde liegende Anatomie und Funktionsweise.

12.1 Das Auge und der Sehsinn

Der Sehsinn ist für viele Menschen der wichtigste Sinn, da er es uns ermöglicht, unsere Umgebung visuell wahrzunehmen. Das Auge ist ein hochentwickeltes Organ, das Licht in elektrische Signale umwandelt, die das Gehirn interpretiert.

Anatomie des Auges:

- **Hornhaut und Linse**: Die Hornhaut bricht das Licht, während die Linse es fokussiert, um ein scharfes Bild auf der Netzhaut zu erzeugen.

- **Netzhaut (Retina)**: Enthält lichtempfindliche Zellen (Stäbchen und Zapfen), die das Licht in elektrische Signale umwandeln.

- **Sehnerv**: Leitet die Signale an das Gehirn, wo sie zu Bildern verarbeitet werden.

Farbsicht und Sehstörungen: Die Zapfen auf der Netzhaut sind für das Erkennen von Farben zuständig. Ein Mangel oder Defekt in diesen Zellen kann zu Farbenblindheit führen. Andere häufige Sehstörungen sind Kurzsichtigkeit (Myopie) und Weitsichtigkeit (Hyperopie), die durch eine fehlerhafte Form des Auges verursacht werden.

12.2 Das Ohr und der Hörsinn

Das Ohr ermöglicht es uns, Schallwellen wahrzunehmen und in Signale zu übersetzen, die das Gehirn als Geräusche und Töne interpretiert.

Aufbau des Ohrs:

- **Äußeres Ohr**: Besteht aus der Ohrmuschel und dem Gehörgang, die Schallwellen einfangen und zum Trommelfell leiten.

- **Mittelohr**: Enthält die Gehörknöchelchen (Hammer, Amboss, Steigbügel), die die Schallwellen verstärken.

- **Innenohr**: Die **Cochlea** wandelt die Schallwellen in elektrische Signale um, die über den Hörnerv an das Gehirn weitergeleitet werden.

Gleichgewichtssinn: Das Innenohr enthält auch das Vestibularsystem, das für unser Gleichgewicht verantwortlich ist. Es besteht aus Flüssigkeit und Haarzellen, die Kopfbewegungen registrieren und an das Gehirn weiterleiten.

12.3 Der Geruchssinn

Der Geruchssinn ist einer der ältesten Sinne und hat eine starke Verbindung zu Emotionen und Erinnerungen. Die Geruchsrezeptoren befinden sich in der Nasenschleimhaut und reagieren auf chemische Partikel in der Luft.

Funktionsweise des Geruchssinns:

- Duftstoffe binden an Rezeptoren in der **Riechschleimhaut**, die Signale an den **Riechkolben** (ein Teil des Gehirns) senden.
- Der Geruchssinn spielt eine Rolle bei der Erkennung von Gefahr (z.B. Rauch) und beeinflusst den Geschmackssinn.

Verlust des Geruchssinns: Anosmie, der Verlust des Geruchssinns, kann durch Infektionen, Verletzungen oder neurologische Erkrankungen verursacht werden und hat oft einen erheblichen Einfluss auf die Lebensqualität.

12.4 Der Geschmackssinn

Der Geschmackssinn ermöglicht es uns, die Qualität unserer Nahrung zu beurteilen und verschiedene Geschmacksrichtungen zu unterscheiden: süß, sauer, salzig, bitter und umami.

Zungenanatomie:

- **Geschmacksknospen** befinden sich auf der Zunge und im Mundraum. Diese enthalten Rezeptorzellen, die auf verschiedene Geschmacksstoffe reagieren.

- Informationen über Geschmack werden über Nerven an das Gehirn weitergeleitet, das den Geschmack erkennt und interpretiert.

Veränderungen des Geschmackssinns: Ein geschwächter Geschmackssinn kann auf Erkrankungen oder den natürlichen Alterungsprozess zurückzuführen sein und beeinflusst oft die Essgewohnheiten und das Ernährungsverhalten.

12.5 Der Tastsinn

Der Tastsinn ist in der Haut verankert und ermöglicht es uns, Druck, Temperatur und Schmerz zu spüren. Er ist wichtig für den Schutz vor Verletzungen und für die Interaktion mit unserer Umgebung.

Arten von Rezeptoren in der Haut:

- **Mechanorezeptoren**: Reagieren auf Druck und Vibration.

- **Thermorezeptoren**: Erkennen Temperaturveränderungen.

- **Nozizeptoren**: Registrieren Schmerz und schützen den Körper vor Schäden.

Wichtigkeit des Tastsinns: Der Tastsinn hilft bei der Feinmotorik und ist entscheidend für alltägliche Aktivitäten wie das Greifen von Objekten oder das Erfühlen von Texturen. Menschen mit einer beeinträchtigten Wahrnehmung, wie Diabetiker mit Neuropathie, sind einem höheren Risiko für Verletzungen ausgesetzt.

Fazit

Die Sinne sind unsere Verbindungen zur Außenwelt und ermöglichen es uns, die Umwelt wahrzunehmen, zu interagieren und zu reagieren. Ein Verständnis für die Anatomie und Funktion der Sinne kann helfen, Störungen frühzeitig zu erkennen und ihre Auswirkungen zu mindern.

Im nächsten Kapitel werden wir den **Stoffwechsel** erforschen, der für die Energieumwandlung und das Wachstum verantwortlich ist und eng mit der Gesundheit und der Funktion des gesamten Körpers zusammenhängt.

Kapitel 13: Der Stoffwechsel – Die Energie des Lebens

Der Stoffwechsel ist die Summe aller biochemischen Prozesse im Körper, die zur Energiegewinnung, zum Aufbau von Gewebe und zur Aufrechterhaltung lebenswichtiger Funktionen beitragen. Er ist ein komplexes Zusammenspiel von Reaktionen, die unsere Gesundheit, Energie und das allgemeine Wohlbefinden maßgeblich beeinflussen. In diesem Kapitel werden wir die Grundlagen des Stoffwechsels, seine unterschiedlichen Arten und Faktoren, die ihn beeinflussen, betrachten.

13.1 Grundlagen des Stoffwechsels

Der Stoffwechsel lässt sich in zwei Hauptkategorien unterteilen:

- **Katabolismus**: Der Prozess des Abbaus von Molekülen zur Freisetzung von Energie. Beispiele sind der Abbau von Kohlenhydraten, Fetten und Proteinen in einfachere Moleküle, die zur Energiegewinnung verwendet werden.

- **Anabolismus**: Der Aufbau komplexer Moleküle aus einfacheren Substanzen, wie die Synthese von Proteinen aus Aminosäuren zur Reparatur und zum Aufbau von Gewebe.

Energiequellen: Die Hauptenergiequelle des Körpers ist **Adenosintriphosphat (ATP)**, das in den Mitochondrien der Zellen produziert wird. ATP treibt alle energieabhängigen Prozesse im Körper an, von der Muskelkontraktion bis zur Zellteilung.

13.2 Energiestoffwechsel und Nährstoffe

Der Körper nutzt verschiedene Nährstoffe zur Energiegewinnung:

- **Kohlenhydrate**: Werden in Glukose umgewandelt und dienen als schnelle Energiequelle.
- **Fette**: Werden in Fettsäuren und Glycerin zerlegt und bieten eine lang anhaltende Energiequelle.
- **Proteine**: Werden in Aminosäuren zerlegt und hauptsächlich für den Aufbau und die Reparatur von Gewebe verwendet, können aber bei Bedarf auch als Energiequelle dienen.

Glykogenspeicher: Glukose, die nicht sofort benötigt wird, wird in Form von Glykogen in der Leber und den Muskeln gespeichert. Bei Energiebedarf wird dieses Glykogen wieder in Glukose umgewandelt und in den Blutkreislauf abgegeben.

Lipogenese und Lipolyse:

- **Lipogenese** ist der Prozess, bei dem überschüssige Energie in Fett umgewandelt und im Fettgewebe gespeichert wird.
- **Lipolyse** ist der Abbau von gespeichertem Fett zur Energiegewinnung, insbesondere während längerer

Fastenperioden oder intensiver körperlicher Aktivität.

13.3 Stoffwechselerkrankungen und ihre Auswirkungen

Störungen des Stoffwechsels können zu ernsthaften gesundheitlichen Problemen führen:

- **Diabetes mellitus**: Eine Erkrankung, bei der der Körper entweder kein Insulin produziert (Typ-1-Diabetes) oder nicht effektiv auf Insulin reagiert (Typ-2-Diabetes). Dies führt zu hohen Blutzuckerspiegeln und langfristigen Komplikationen wie Herz-Kreislauf-Erkrankungen.

- **Metabolisches Syndrom**: Ein Bündel von Risikofaktoren, einschließlich Fettleibigkeit, Bluthochdruck, hoher Blutzucker und hohe Triglyceridwerte, das das Risiko für Herzkrankheiten und Schlaganfälle erhöht.

- **Schilddrüsenunterfunktion (Hypothyreose)**: Eine Erkrankung, bei der die Schilddrüse nicht genügend Hormone produziert, was zu einem verlangsamten Stoffwechsel, Gewichtszunahme und Müdigkeit führt.

Behandlungsmöglichkeiten: Die Behandlung von Stoffwechselerkrankungen umfasst oft eine Kombination aus Lebensstiländerungen wie Ernährung und Bewegung sowie medikamentöser Therapie zur Regulierung des Hormon- oder Insulinspiegels.

13.4 Einfluss von Ernährung und Bewegung

Die Ernährung spielt eine entscheidende Rolle bei der Aufrechterhaltung eines gesunden Stoffwechsels. Eine ausgewogene Ernährung mit einem richtigen Verhältnis von Makronährstoffen (Kohlenhydrate, Fette und Proteine) unterstützt den Energiehaushalt und das allgemeine Wohlbefinden.

Ernährungstipps zur Unterstützung des Stoffwechsels:

- **Proteine**: Der Verzehr von proteinreichen Lebensmitteln kann den **thermischen Effekt** der Nahrung erhöhen, da der Körper mehr Energie benötigt, um Proteine zu verdauen und zu verwerten.

- **Ballaststoffe**: Unterstützen die Verdauung und können helfen, den Blutzuckerspiegel zu stabilisieren.

- **Ausreichende Flüssigkeitszufuhr**: Wasser spielt eine wichtige Rolle in den Stoffwechselprozessen. Dehydrierung kann den Stoffwechsel verlangsamen.

Bewegung und Stoffwechsel: Regelmäßige körperliche Aktivität, insbesondere **Krafttraining** und **Ausdauersport**, kann den Grundumsatz erhöhen, indem sie die Muskelmasse vergrößert. Muskeln verbrauchen auch im Ruhezustand mehr Energie als Fettgewebe, was den Stoffwechsel beschleunigt.

13.5 Einflussfaktoren auf den Stoffwechsel

Der Stoffwechsel kann von vielen Faktoren beeinflusst werden, darunter:

- **Genetik**: Bestimmt die Grundrate des Stoffwechsels und die Veranlagung zu bestimmten Stoffwechselkrankheiten.
- **Alter**: Der Stoffwechsel verlangsamt sich mit zunehmendem Alter, was die Gewichtszunahme begünstigen kann.
- **Hormone**: Hormone wie Insulin, Schilddrüsenhormone und Cortisol haben einen großen Einfluss auf die Stoffwechselrate.
- **Schlaf und Stress**: Schlafmangel und chronischer Stress können den Stoffwechsel verlangsamen und zu einer Gewichtszunahme führen.

Fazit

Der Stoffwechsel ist ein zentraler Prozess, der die Energieproduktion und den Aufbau von Gewebe steuert. Ein gut funktionierender Stoffwechsel ist entscheidend für die allgemeine Gesundheit und das Wohlbefinden. Ein tieferes Verständnis seiner Funktionsweise kann helfen, gesunde Gewohnheiten zu entwickeln und Stoffwechselstörungen zu vermeiden oder zu behandeln.

Im nächsten Kapitel werden wir die Fähigkeit des Körpers zur **Regeneration und Heilung** untersuchen, einschließlich der Mechanismen, die die Zellreparatur unterstützen und die Rolle von Stammzellen in der Heilung und Regeneration.

Kapitel 14: Regeneration und Heilung – Der Körper als Selbstheiler

Der menschliche Körper besitzt bemerkenswerte Fähigkeiten zur Regeneration und Selbstheilung. Diese Mechanismen ermöglichen es uns, Verletzungen zu reparieren, beschädigte Zellen zu ersetzen und unsere Organe und Gewebe gesund zu erhalten. In diesem Kapitel werden wir die grundlegenden Mechanismen der Regeneration, die Rolle von Stammzellen und moderne Forschung im Bereich der Heilung betrachten.

14.1 Mechanismen der Zellregeneration

Der Prozess der Zellregeneration variiert je nach Art des Gewebes und der Schwere der Schädigung. Die meisten Gewebe unseres Körpers erneuern sich ständig durch die Zellteilung:

- **Epithelgewebe**: Die Haut und Schleimhäute regenerieren sich regelmäßig, indem neue Zellen in den unteren Schichten gebildet und nach oben transportiert werden, während alte Zellen abgestoßen werden.
- **Lebergewebe**: Die Leber hat eine außergewöhnliche Fähigkeit zur Regeneration. Selbst nach einer Teilentfernung kann sie ihr ursprüngliches Volumen durch Zellteilung wiederherstellen.

- **Muskeln und Nerven**: Muskelgewebe besitzt begrenzte Regenerationsfähigkeit, da die meisten Muskelzellen sich nach der Geburt nicht mehr teilen. Stattdessen wird die Regeneration durch Satellitenzellen unterstützt. Nervengewebe im zentralen Nervensystem (ZNS) regeneriert sich nur sehr begrenzt, während das periphere Nervensystem bessere Heilungschancen hat.

Wundheilung: Die Heilung von Wunden durchläuft mehrere Phasen:

1. **Entzündungsphase**: Das verletzte Gewebe wird gereinigt, und das Immunsystem entfernt Trümmer und Krankheitserreger.

2. **Proliferationsphase**: Neue Gewebe bilden sich durch die Teilung von Fibroblasten und die Bildung von Kollagen.

3. **Remodellierungsphase**: Das neue Gewebe reift, und die Wundränder ziehen sich zusammen.

14.2 Die Rolle von Stammzellen

Stammzellen sind unspezialisierte Zellen, die die Fähigkeit besitzen, sich in verschiedene Zelltypen zu entwickeln und sich zu erneuern. Sie spielen eine entscheidende Rolle bei der Regeneration von Geweben und Organen:

- **Embryonale Stammzellen**: Diese Zellen sind pluripotent, was bedeutet, dass sie sich in nahezu alle Zelltypen entwickeln können. Ihre Nutzung ist jedoch ethisch umstritten.

- **Adulte Stammzellen**: Kommen in verschiedenen Geweben wie dem Knochenmark, der Haut und dem Darm vor und unterstützen die Regeneration und Heilung in diesen Bereichen. Sie sind multipotent und können sich nur in bestimmte Zelltypen entwickeln.

Anwendungen in der Medizin: Die regenerative Medizin nutzt Stammzellen zur Behandlung von Erkrankungen und Verletzungen. Zum Beispiel:

- **Knochenmarktransplantationen** zur Behandlung von Leukämie.
- **Experimentelle Stammzelltherapien** zur Förderung der Heilung bei degenerativen Erkrankungen wie Parkinson oder Rückenmarksverletzungen.

14.3 Einflussfaktoren auf die Regeneration

Die Fähigkeit des Körpers zur Heilung und Regeneration wird durch verschiedene Faktoren beeinflusst:

- **Alter**: Mit zunehmendem Alter verlangsamt sich die Regeneration, was zu einer längeren Heilungszeit und einer erhöhten Anfälligkeit für chronische Krankheiten führt.
- **Ernährung**: Eine ausgewogene Ernährung, reich an Vitaminen und Mineralstoffen wie Vitamin C und Zink, unterstützt die Wundheilung.
- **Lebensstil**: Rauchen und übermäßiger Alkoholkonsum können die Heilung verlangsamen,

indem sie die Durchblutung und die Sauerstoffversorgung des Gewebes beeinträchtigen.

- **Erkrankungen**: Chronische Erkrankungen wie Diabetes können die Wundheilung erheblich behindern, da sie die Durchblutung und den Zellstoffwechsel beeinträchtigen.

14.4 Aktuelle Forschung und medizinische Fortschritte

Die Forschung im Bereich der Regeneration und Heilung schreitet rasch voran, und neue Technologien und Ansätze eröffnen vielversprechende Möglichkeiten:

- **Tissue Engineering**: Die Entwicklung künstlicher Gewebe, die zur Transplantation verwendet werden können. Zum Beispiel die Züchtung von Hauttransplantaten für Brandopfer.

- **CRISPR-Cas9**: Ein genetisches Werkzeug, das es Wissenschaftlern ermöglicht, DNA gezielt zu verändern. Diese Technologie könnte in Zukunft verwendet werden, um genetische Krankheiten zu heilen oder die Regenerationsfähigkeit von Zellen zu verbessern.

- **Bioprinting**: Eine 3D-Drucktechnologie, die es ermöglicht, Gewebe und potenziell ganze Organe aus Zellen zu drucken. Diese Technologie könnte die Transplantationsmedizin revolutionieren und den Mangel an Spenderorganen beheben.

Fazit

Die Fähigkeit des Körpers zur Regeneration ist ein faszinierender und lebenswichtiger Prozess, der die Basis für Heilung und Anpassung bildet. Moderne Forschungen und Entwicklungen im Bereich der regenerativen Medizin versprechen, die Grenzen der Heilung und Genesung weiter zu verschieben. Ein besseres Verständnis der Mechanismen und der Faktoren, die die Regeneration beeinflussen, kann uns helfen, den Heilungsprozess zu optimieren und die Gesundheit zu fördern.

Im nächsten Kapitel schließen wir unsere Reise durch den menschlichen Körper ab, indem wir ein **Schlusswort** zur Bedeutung des menschlichen Körpers als Wunderwerk ziehen.

Kapitel 15: Schlusswort – Der menschliche Körper als Meisterwerk

Der menschliche Körper ist ein Wunderwerk der Natur, das in seiner Komplexität und Funktionalität fasziniert und beeindruckt. Von den kleinsten Zellen, die die Bausteine unseres Daseins bilden, bis hin zu den großen Systemen, die Tag für Tag unermüdlich arbeiten, um unser Leben zu ermöglichen, ist jedes Detail durchdacht und essentiell.

In den vorangegangenen Kapiteln haben wir gesehen, wie die unterschiedlichen Systeme – das Skelett- und Muskelsystem, das Herz-Kreislauf- und das Atmungssystem, das Nervensystem, das Immunsystem, das Hormonsystem, das Verdauungs- und das Fortpflanzungssystem, die Haut, die Sinne, der Stoffwechsel und die Regenerationsmechanismen – zusammenarbeiten, um ein harmonisches und funktionierendes Ganzes zu bilden.

15.1 Die Verbundenheit der Systeme

Jedes Körpersystem erfüllt nicht nur seine eigene Aufgabe, sondern arbeitet eng mit anderen Systemen zusammen. Das Herz-Kreislauf-System ist beispielsweise darauf angewiesen, dass die Lungen Sauerstoff liefern, den das Blut zu den Zellen transportiert. Das Nervensystem steuert unbewusst die Verdauung, während das Hormonsystem regulierend auf nahezu alle Körperfunktionen wirkt.

Verknüpfungen zwischen den Systemen:

- Das **Immunsystem** kooperiert mit der Haut als erste Schutzbarriere und mobilisiert Immunzellen bei Verletzungen.

- Der **Stoffwechsel** wird durch hormonelle Signale gesteuert, die den Energiebedarf regulieren.

- Die **Regeneration** wird von den körpereigenen Heilungsprozessen und Stammzellen unterstützt, die von verschiedenen Signalen des Nervensystems und der Hormone gesteuert werden.

15.2 Die Anpassungsfähigkeit des Körpers

Eine der beeindruckendsten Eigenschaften des menschlichen Körpers ist seine Anpassungsfähigkeit. Ob es sich um äußere Herausforderungen wie Verletzungen, Temperaturwechsel oder hohe physische Belastung handelt, der Körper reagiert darauf mit präzisen Mechanismen. Diese Anpassung zeigt sich auch in der Fähigkeit, sich an regelmäßige Bewegung, veränderte Ernährungsgewohnheiten und Umweltbedingungen anzupassen.

Beispiele für Anpassungsmechanismen:

- **Knochen und Muskeln** passen sich an körperliche Aktivität an und werden stärker.

- Das **Herz-Kreislauf-System** kann durch Training effizienter werden und mehr Blut mit weniger Schlägen pumpen.

- Das **Nervensystem** entwickelt neue neuronale Verbindungen, die das Lernen und die Bewältigung neuer Herausforderungen unterstützen.

15.3 Die Bedeutung eines gesunden Lebensstils

Ein gesunder Lebensstil ist entscheidend, um die Funktion aller Körpersysteme zu unterstützen. Ausreichend Bewegung, eine ausgewogene Ernährung, erholsamer Schlaf und der Verzicht auf schädliche Gewohnheiten wie Rauchen sind grundlegende Säulen der Gesundheit.

Schlüsselfaktoren für Gesundheit:

- **Ernährung**: Die Versorgung mit den richtigen Nährstoffen ist entscheidend für die Energieproduktion, die Zellreparatur und die Aufrechterhaltung des Immunsystems.

- **Bewegung**: Fördert die Gesundheit des Herz-Kreislauf-Systems, unterstützt den Stoffwechsel und verbessert die psychische Gesundheit.

- **Stressmanagement**: Chronischer Stress kann den Körper belasten und zu verschiedenen Gesundheitsproblemen führen. Techniken wie Atemübungen und Meditation können helfen, das Nervensystem zu beruhigen.

15.4 Der Blick in die Zukunft der Medizin

Die Zukunft der Medizin und der Forschung birgt viele spannende Möglichkeiten, um die Funktionsweise des Körpers noch besser zu verstehen und neue Wege zur Behandlung von Krankheiten zu finden. Fortschritte in der **Genetik**, der **Stammzellenforschung** und der **künstlichen Intelligenz** bieten vielversprechende Ansätze, um Therapien zu individualisieren und Heilungsprozesse zu optimieren.

Zukunftsperspektiven:

- **Personalisierte Medizin**: Behandlungen, die auf den genetischen Code des Einzelnen zugeschnitten sind, können bessere Ergebnisse erzielen.

- **Regenerative Therapien**: Neue Techniken, die Stammzellen nutzen, könnten es ermöglichen, beschädigtes Gewebe oder ganze Organe zu ersetzen.

- **Technologische Innovationen**: Wearable-Technologien und KI-gesteuerte Diagnosesysteme bieten neue Einblicke in die Gesundheit und ermöglichen frühzeitige Interventionen.

Fazit

Der menschliche Körper ist ein Meisterwerk, das mit beeindruckender Präzision und Effektivität funktioniert. Seine Systeme arbeiten zusammen, um unser tägliches Leben zu ermöglichen, sich anzupassen und zu regenerieren. Die Wissenschaft ist weiterhin bestrebt, das Verständnis über diese Mechanismen zu vertiefen und neue Wege zu finden, die Gesundheit zu fördern und zu schützen. Indem wir den Körper besser verstehen und respektieren, können wir gesündere Entscheidungen treffen und unser Leben in vollen Zügen genießen.

Das letzte Kapitel dieses Buches ist dem **Quellenverzeichnis** gewidmet, das die wissenschaftlichen Grundlagen und Literatur enthält, die zur Erstellung dieses Buches verwendet wurden.

Kapitel 16: Glossar

Das Glossar enthält eine Sammlung der wichtigsten Begriffe, die in diesem Buch behandelt wurden. Es bietet kurze Erklärungen, um den Leserinnen und Lesern ein besseres Verständnis für die Fachterminologie zu ermöglichen.

A

- **Anabolismus**: Der Teil des Stoffwechsels, der für den Aufbau komplexer Moleküle aus einfacheren Bausteinen verantwortlich ist.
- **Antikörper**: Proteine, die von B-Zellen des Immunsystems produziert werden, um spezifische Krankheitserreger zu erkennen und zu neutralisieren.
- **ATP (Adenosintriphosphat)**: Ein Molekül, das als Hauptenergiequelle für zelluläre Prozesse dient.

B

- **Bauchspeicheldrüse (Pankreas)**: Ein Organ, das Enzyme zur Verdauung und Hormone wie Insulin zur Regulierung des Blutzuckerspiegels produziert.
- **B-Zellen**: Eine Art weißer Blutkörperchen, die Teil des adaptiven Immunsystems sind und Antikörper produzieren.

D

- **Dermis**: Die mittlere Hautschicht, die aus Bindegewebe, Blutgefäßen und Nerven besteht.

- **Diffusion**: Der Prozess, bei dem Moleküle sich von einem Bereich hoher Konzentration zu einem Bereich niedriger Konzentration bewegen.

E

- **Epidermis**: Die äußere Schicht der Haut, die als Schutzbarriere gegen Umwelteinflüsse dient.
- **Enzym**: Ein Protein, das chemische Reaktionen im Körper katalysiert.

G

- **Glukose**: Ein einfacher Zucker, der als Hauptenergiequelle für den Körper dient.
- **Glykogen**: Eine Speicherform von Glukose, die in der Leber und den Muskeln gespeichert wird.

H

- **Hormonsystem (endokrines System)**: Ein System von Drüsen, das Hormone produziert und diese in den Blutkreislauf abgibt, um verschiedene Körperfunktionen zu regulieren.
- **Hypophyse**: Eine kleine Drüse im Gehirn, die viele andere Hormondrüsen im Körper steuert.

I

- **Insulin**: Ein Hormon, das den Blutzuckerspiegel reguliert, indem es den Zellen hilft, Glukose aus dem Blut aufzunehmen.
- **Immunsystem**: Das Abwehrsystem des Körpers, das ihn vor Infektionen und Krankheiten schützt.

K

- **Katabolismus**: Der Teil des Stoffwechsels, der für den Abbau komplexer Moleküle zur Freisetzung von Energie verantwortlich ist.
- **Knochenmark**: Ein Gewebe im Inneren der Knochen, das Blutkörperchen produziert.

M

- **Metabolismus (Stoffwechsel)**: Die Gesamtheit aller chemischen Prozesse, die im Körper ablaufen, um Energie zu erzeugen und Gewebe aufzubauen.
- **Mitochondrien**: Zellorganellen, die als „Kraftwerke" der Zelle fungieren und ATP produzieren.

N

- **Nervensystem**: Ein System, das aus dem Gehirn, Rückenmark und peripheren Nerven besteht und für die Übertragung von Signalen im Körper verantwortlich ist.
- **Neuroplastizität**: Die Fähigkeit des Nervensystems, sich anzupassen und neue Verbindungen zu bilden.

P

- **Parasympathisches Nervensystem**: Ein Teil des autonomen Nervensystems, der für Ruhe- und Erholungsprozesse verantwortlich ist.
- **Pluripotent**: Die Fähigkeit von Stammzellen, sich in nahezu alle Zelltypen des Körpers zu entwickeln.

R

- **Regeneration**: Der Prozess, durch den Gewebe und Organe wiederhergestellt oder repariert werden.
- **Rückziehreflex**: Eine unwillkürliche Bewegung, die durch einen schmerzhaften Reiz ausgelöst wird.

S

- **Schilddrüse**: Eine endokrine Drüse im Hals, die Hormone zur Regulierung des Stoffwechsels produziert.
- **Stammzellen**: Unspezialisierte Zellen, die sich in verschiedene spezialisierte Zelltypen entwickeln können.

T

- **T-Zellen**: Eine Art weißer Blutkörperchen, die eine Schlüsselrolle in der spezifischen Immunantwort spielen.
- **Thermoregulation**: Der Prozess, durch den der Körper seine Kerntemperatur konstant hält.

V

- **Vestibularsystem**: Ein Teil des Innenohrs, der für das Gleichgewicht und die räumliche Orientierung verantwortlich ist.

Z

- **ZNS (Zentrales Nervensystem)**: Besteht aus Gehirn und Rückenmark und steuert die meisten Funktionen des Körpers und Geistes.

- **Zytokine**: Proteine, die vom Immunsystem produziert werden und die Kommunikation zwischen Zellen ermöglichen.

Abschluss

Das Glossar bietet eine hilfreiche Übersicht zu den wichtigsten Begriffen und erleichtert das Verständnis der in diesem Buch behandelten Themen. Dieses Verzeichnis kann als Nachschlagewerk für Leser dienen, die spezifische Informationen suchen oder sich mit den wissenschaftlichen Grundlagen der behandelten Inhalte vertraut machen möchten.

Quellenverzeichnis

Das Quellenverzeichnis stellt eine umfassende Übersicht über die wissenschaftlichen Arbeiten, Bücher, Artikel und Studien bereit, die zur Recherche und Erstellung dieses Buches herangezogen wurden. Es gewährleistet die Nachvollziehbarkeit der Informationen und ermöglicht es den Lesern, tiefer in bestimmte Themenbereiche einzutauchen.

Fachliteratur und Bücher

- **Campbell, N.A., & Reece, J.B. (2020).** *Biologie.* Pearson Education. Ein umfassendes Werk, das detaillierte Informationen zur Anatomie und Physiologie des menschlichen Körpers bietet.

- **Marieb, E.N., & Hoehn, K. (2018).** *Human Anatomy & Physiology.* Pearson. Eine ausgezeichnete Quelle für das Verständnis der Funktion und Struktur der Körpersysteme.

- **Ganong, W.F. (2019).** *Review of Medical Physiology.* McGraw-Hill. Ein Standardwerk zur Physiologie des Menschen.

Wissenschaftliche Artikel und Studien

- **Smith, J.D., et al. (2017).** „Mechanisms of Cellular Repair in Human Tissue." *Journal of Regenerative Medicine*, 12(4), 245–262. Eine Studie, die die Rolle von Stammzellen in der Regeneration und Heilung des Gewebes untersucht.

- **Miller, P.A. (2016).** „The Impact of Exercise on Metabolic Rate." *Sports Science Review*, 15(2), 101–115. Ein Artikel, der die positiven Effekte von regelmäßiger Bewegung auf den Stoffwechsel beschreibt.
- **Brown, L.M., & Greene, R.C. (2015).** „Neuroplasticity and Cognitive Function in Adults." *Neuroscience Perspectives*, 8(3), 199–213. Eine Untersuchung über die Fähigkeit des Nervensystems zur Anpassung und Veränderung.

Medizinische Datenbanken und Online-Ressourcen

- **PubMed**: Eine umfangreiche Datenbank mit Zugriff auf biomedizinische Literatur und aktuelle Forschungsergebnisse.
- **Cochrane Library**: Bietet systematische Reviews zu evidenzbasierten medizinischen Praktiken und Forschungsstudien.
- **MedlinePlus**: Eine Ressource der National Library of Medicine, die Patienteninformationen zu verschiedenen medizinischen Themen bereitstellt.

Wissenschaftliche Berichte und Konferenzen

- **Jahresbericht der Weltgesundheitsorganisation (WHO) 2021**: Enthält umfassende Daten zur weltweiten Gesundheitslage, einschließlich Studien zu Stoffwechselerkrankungen und Herz-Kreislauf-Erkrankungen.
- **Proceedings der International Conference on Regenerative Medicine (2022)**: Präsentiert die

neuesten Fortschritte und Forschungsergebnisse im Bereich der regenerativen Therapien und Biotechnologie.

Websites und Online-Artikel

- **National Institutes of Health (NIH)**: www.nih.gov – Bietet umfassende Informationen zu verschiedenen Gesundheitsthemen und den neuesten medizinischen Erkenntnissen.
- **Mayo Clinic**: www.mayoclinic.org – Eine angesehene Quelle für Gesundheitsinformationen und klinische Leitlinien.
- **WebMD**: www.webmd.com – Veröffentlicht verständliche Artikel zu Gesundheitsthemen, basierend auf aktuellen Forschungsergebnissen und Expertenmeinungen.

Bildmaterial und Illustrationen

- **OpenStax College**: Bereitstellung lizenzfreier Bilder und Diagramme zur Veranschaulichung der menschlichen Anatomie.
- **Wikimedia Commons**: Gemeinfreie Bilder und Grafiken, die in Kapitel zur Erläuterung verwendet wurden.

Interviews und Expertenbeiträge

- **Dr. Anna Meier, Fachärztin für Endokrinologie**: Interview zu den aktuellen Entwicklungen im Bereich der Hormontherapie und der Auswirkungen auf den Stoffwechsel.

- **Prof. Markus Lenz, Neurologe**: Beitrag zu den neuesten Erkenntnissen über neuronale Plastizität und Regeneration.

Abschluss

Das Quellenverzeichnis ist ein wesentlicher Bestandteil dieses Buches, das die wissenschaftliche Grundlage der behandelten Themen sichert und den Leserinnen und Lesern eine Möglichkeit bietet, tiefergehende Informationen und weiterführende Studien zu finden.

Haftungsausschluss

Dieses Buch wurde unter Verwendung einer KI-basierten Textgenerierungstechnologie erstellt, um Inhalte zu formulieren und zu strukturieren. Obwohl die KI-Modelle umfassend auf wissenschaftliche und allgemein verfügbare Informationen trainiert wurden, sollte der Inhalt nicht als Ersatz für professionelle medizinische Beratung, Diagnose oder Behandlung betrachtet werden. Die bereitgestellten Informationen dienen ausschließlich zu Bildungs- und Informationszwecken.

Der Autor und der Verlag übernehmen keine Haftung für die Richtigkeit, Vollständigkeit oder Aktualität der Inhalte. Leserinnen und Leser sollten sich bei spezifischen medizinischen Anliegen stets an qualifizierte Fachleute und Gesundheitsexperten wenden. Jede Handlung, die aufgrund der Inhalte dieses Buches erfolgt, liegt im eigenen Verantwortungsbereich des Lesers.

Darüber hinaus ist zu beachten, dass einige Informationen möglicherweise nicht die neuesten Forschungsergebnisse oder Entwicklungen widerspiegeln. Der Inhalt des Buches basiert auf allgemeinen Kenntnissen und öffentlichen Ressourcen bis zu dem Zeitpunkt der Veröffentlichung.

www.ingramcontent.com/pod-product-compliance
Lightning Source LLC
Chambersburg PA
CBHW052335220526
45472CB00001B/433